U0222118

乘客们请坐好，跟着我一起来追溯历史，看一看人类最古老的梦想之一——遨游天空，比肩飞鸟。

北京市科学技术协会科普创作出版资金资助

我爱发明——机器的故事

The Story 飞机的故事
of the Aeroplane

[捷克] 欧得里奇·卢兹卡　著
Written by Oldřich Růžička

[捷克] 托马斯·珀尔尼奇　娜蒂娅·莫伊泽索娃　绘
Illustrated by Tomáš Pernický, Naďa Moyzesová

王伟男　译

请坐好，咱们起飞啦！

知识产权出版社
全国百佳图书出版单位
—北京—

序幕:
从美好的梦想
到勇敢的尝试

飞翔的梦想

人类生来爱做梦。如果不是因为那些梦想家们,很多科技发明就不会问世,我们的生活也不会像现在这样便利。几乎是从人类刚一诞生起,人们就梦想着有一天能拥有一双翅膀,可以从天空上俯瞰大地。但是,要实现这个梦想是名副其实地"难于上青天",从飞翔的梦想到现实中的第一架飞机,经过了很长很长的时间。然而,人类之所以是人类,正是因为人们无时无刻不在追寻着自己的梦想,就像蜜蜂永远会追寻花儿一样。那么,请跟随人类的脚步,看看我们的光辉历程吧。

➡

代达罗斯和伊卡洛斯

几千年前,民间流传的传说故事里已经有会"飞"的人了,其中两位就是代达罗斯和他的儿子伊卡洛斯。传说中,代达罗斯和伊卡洛斯被米诺斯国王囚禁在克里特岛,代达罗斯以蜡和鸟的羽毛为材料,打造了两对翅膀,帮助他们父子逃了出去。父子二人飞上了天空,然而伊卡洛斯飞得过高,翅膀上的封蜡被太阳晒化了,他最终坠落在茫茫大海之中。这次飞行就以这样一场悲剧结束了。

⬅

起飞成功,收回起落架!

我要飞得更高!

中国龙

一说起中国，人们就会想到龙的传说。很久很久以前，"龙"就已经飞翔在中华大地的上空了——这就是龙形风筝。风筝比空气要重，为什么还能飞上天呢？这是因为绕风筝的气流产生了升力，把风筝托在了空中。这也是现代飞机的飞行原理。因此，我们可以说，龙形风筝为梦想飞天的人们指引了正确的前进方向——古时候，有的中国人甚至真的打算乘风筝把自己送上天呢！

←

耶！飞起来了~

飞行玩具

这种宝贝的发源地也是中国。公元前4世纪的时候，中国的孩子们就经常玩"竹蜻蜓"了，这种玩具的原理和现代的直升机差不多。看来，中国的工匠师傅早就认识到空气动力学的基本原理了。

←

最早的滑翔机

要不是有那么几个发明家时不时地"冲动"一下，冒个险，我们的世界上也不会出现任何新发明。想象一下：挂在一架自己亲手制造的滑翔机上，从山顶上一跃而下。敢这么做的人真是挺胆大的！生活在公元9世纪的西班牙发明家阿巴斯·伊本·弗纳斯就是这么个勇敢的家伙。

↓

好运属于勇士们！

我在遥望，大地之上，有多少梦想……

塔顶飞人

如果说最早尝试飞行的那些人是疯狂的冒险家，让我们来看看一个名叫艾尔默的修道士的故事吧！他的故事告诉我们，人要是真的太渴望飞上天，就连修道士也疯狂。艾尔默是11世纪英国马姆斯伯里修道院的一名修道士，他把自己制作的一对翅膀绑在身上，从修道院的塔顶上一跃而下。看到这儿你一定会想：这位老兄也真是的，为了能体验飞行的感觉，连命都不要了吗？不过，艾尔默确确实实是在空中飞了一小会儿的，飞行距离足足有两百多米呢！

→

从天才达·芬奇到蒙戈尔菲耶兄弟

说白了，达·芬奇就是个既懂技术又懂艺术的"大牛"！

无处不在的达·芬奇

只要是和科技有关的事儿，就没有达·芬奇不参与的。达·芬奇是一位文艺复兴时期的天才，设计出了各式各样的机器人、战车、吊车，还有许许多多靠谱的或不靠谱的机械装置。可想而知，他也不会忘记去发明一款飞行器的。

→

莱昂纳多·达·芬奇

⋯⋯⋯⋯⋯⋯⋯

只有你想不到的，没有我搞不出来的！

⋯⋯⋯⋯⋯⋯⋯

访问个人网页
www.达·芬奇工作室.it

达·芬奇的"直升机"

达·芬奇设计出两种飞行器。第一种飞行器的结构有点像后来出现的现代直升机。

↓

扑翼飞机

达·芬奇设计的第二种飞行器模型是扑翼飞机。所谓扑翼飞机，就是一种能像鸟那样扇动翅膀飞行的飞行器。达·芬奇设计的这两种飞行器，都需要飞行者用自己的力量加以驱动。不过，这两款飞行器还都只停留在草图和模型的阶段。

↓

这东西可飞不起来吧⋯⋯

伊曼纽尔·斯韦登堡的飞行器

18世纪早期的瑞典科学家、思想家、发明家伊曼纽尔·斯韦登堡设计出了一架飞行器，设有驾驶舱，并装有类似于螺旋桨的机械装置。斯韦登堡设计的飞行器，是公认的第一架真正意义上比空气重的飞行器。

→

斯韦登堡的
飞行器设计草图

飞行器的
实际效果图

蒙戈尔菲耶兄弟的热气球

1783年，人类自己还只能停留在陆地上，但他们建造的机器已经把几名"乘客"送上了天——一只绵羊、一只公鸡还有一只鸭子，开启了它们的热气球之旅。这个热气球的制造者就是蒙戈尔菲耶兄弟。第一次搭载这几只动物"乘客"上天以后，热气球迅速走红，开始运送人类乘客。

←

我敢肯定，第一批乘客里还有只老鼠！

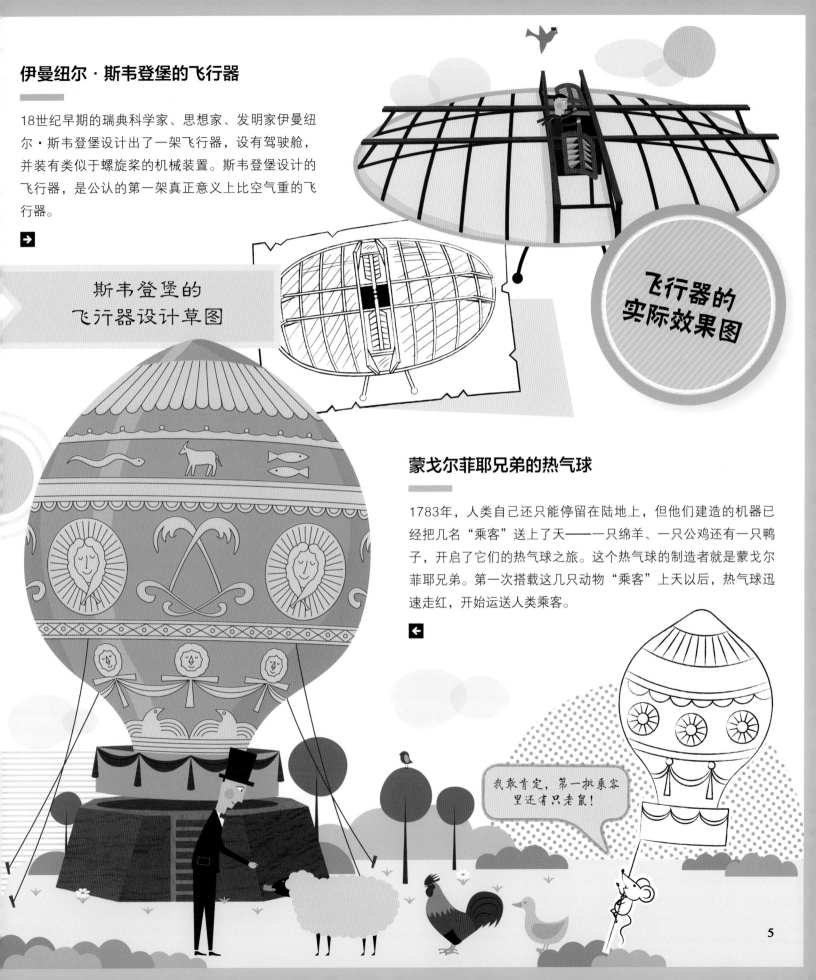

滑翔机的天下！

飞翔没有那么容易，航空界早期的先行者们发明了各种各样的飞行器，却仍然没有发动机来驱动它们，所以他们只能依赖于滑翔的方式来飞行。

移动急救站为您带来贴心服务！

移动医护员

石膏·拐杖·夹板
………
另有轮椅提供给
严重摔伤者

在我的心上，
自由地飞翔！

飞行学院
………
鸽子和麻雀的
名师天团
………
我们带你飞！

乔治·凯利的滑翔机

滑翔机比空气重，今天的滑翔机需要借助橡胶缆绳的力量才能飞起来，或者干脆用飞机把它拖拽到空中。然而，过去可没有这样的条件，滑翔机的驾驶员们只得来到悬崖边一跃而下，然后就自求多福了。经过多年尝试，英国发明家乔治·凯利造出了这样一架滑翔机。

←

三翼滑翔机

看来凯利爵士（就是那个乔治·凯利）终于认识到滑翔机只有两个机翼是不够的，于是他设计出了一种新型的滑翔机——装有三个机翼，这就是所谓的三翼滑翔机。

→

"信天翁号"滑翔机

鸟儿们才是真正的滑翔大师，它们展开双翅在温暖的气流中飞行，即使一动不动，也可以在半空中滑翔很长时间。法国水手让·马里·勒布里斯注意到了这个现象。有一次，他站在船的甲板上，观察到一只只信天翁在海面滑翔，因此受到了启发，并制造出一架滑翔机，命名为"信天翁号"。经过几次尝试之后，1868年，勒布里斯正式向世人展示了他的滑翔机起飞的盛况——飞行了几十米的距离。遗憾的是，他的滑翔机着陆时重重地摔了几下，勒布里斯因此摔断了腿。嗯，发明创造可不是过家家，风险无处不在。

一步步前进

波兰冒险家——扬·弗嫩克

在波兰，也有人尝试制造了一架滑翔机。这个人就是扬·弗嫩克，一名波兰雕刻工。弗嫩克于1866年制造了自己的滑翔机，据当地教堂记载，他甚至经常在教堂节日驾着自己的滑翔机飞行。

真正的航空先驱——奥托·李林塔尔

德国人奥托·李林塔尔致力于飞行器的设计，最终制造出了可完全由驾驶员操控的飞行器。他在柏林附近堆起一座人工山丘，专门用来试验自己发明的机器。不幸的是，和勒布里斯一样，李林塔尔也难免在自己的试验中受伤，最终在一次事故中身受重伤而死。虽然李林塔尔折翼蓝天，但他是一名伟大的航空先驱，后来的莱特兄弟——别急，这两兄弟我们很快会提到的——完成了他未竟的事业。

蒸汽时代的航空之翼

人们一次次从山上用滑翔机飞下来，渐渐觉得这么做没有意思了。滑翔机只能飞短短一段距离，又不太安全；最重要的是，谁愿意一次又一次地拖着这么个又大又沉的机器爬到山顶上去呢？好在那时候发明了蒸汽机，人们开始觉得用蒸汽机来驱动飞行器是个不错的方法。

"蒸汽客运机"

1842年，威廉·塞缪尔·汉森为自己发明的蒸汽驱动的飞行器申请了专利。他本来以为可以将这架飞行器用于运输乘客，甚至和他的朋友、另一位设计师约翰·斯特林费洛合作，成立了一家航运公司。这两个伙伴还一起散发广告传单，宣传他们的空中运输服务——能将乘客们送到遥远的国度，去领略异国风情。可惜，汉森的蒸汽飞行器太重了，最终没能飞起来。

↓

斯特林费洛的三翼飞行器

1848年，约翰·斯特林费洛设计的飞行器终于成功升空。他的飞行器安装了蒸汽发动机来提供动力。这次试飞是一次伟大的创举，也是人类最早的航空飞行之一，只是飞行器上没有乘客。接下来，斯特林费洛的工作室又推出了一架三翼飞行器，安装了斯特林费洛自己设计的一台特制的发动机，这款飞行器也获得了成功。

↑

蒸汽革命不仅影响了铁路，也影响了航空。

好消息！

坐上我们的蒸汽飞行器，一起去中国和印度探秘！

·舒适·
·快捷·
·高档·

人力飞艇

接下来这款飞行器与其说是飞机，不如说是飞艇。这是一款比空气轻的飞行器，上半部分是一个充满气体的气囊，驾驶员所在的部分悬挂在气囊下面。它的驱动方式很简单：飞艇上的脚踏板连接着链传动装置，通过蹬脚踏板就可以前进，就像骑自行车一样。人力飞艇非常棒，设计者查尔斯·里奇在1878年驾驶这架飞艇起飞后，还成功卖出去5架这样的飞艇呢！

➡️

壮志凌云

前进，永不止步！●

俄国的飞行者

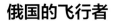

既然这一章都在介绍蒸汽发动机驱动的飞行器，就不能不提到俄国人在这方面的成就。曾经也有人说这类飞行器最早是由俄国人亚历山大·莫扎伊斯基完成的。海军军官莫扎伊斯基可能不是第一个驾驶自己发明的蒸汽飞行器完成飞行的人，但这并不重要。重要的是，他发明的飞行器的确可以飞上天，这一点就很了不起。因此，莫扎伊斯基称得上是航空史上的一个重要人物。

⬅️

齐柏林飞艇——内燃机飞行器登场！

齐柏林飞艇的名字来自这款飞艇的设计者——斐迪南·冯·齐柏林。LZ1号是齐柏林设计的第一艘飞艇，于1900年首次试飞。经过三次试飞，这艘飞艇就报废了。不过，这第一款飞艇为此后推出的所有飞艇打下了基础，后续的机型达到了一百多种，齐柏林这个品牌也成为"比空气轻"的飞行器中的一个传奇，深受粉丝们的热爱。这艘飞艇不是由蒸汽驱动的，而是由戴姆勒公司设计的内燃机所驱动。齐柏林飞艇预示着航空业的光明前景。

⬇️

高处不胜寒！

法兰西的蒸汽蝙蝠——"风神号"

"风神号"飞行器（这个名字源于希腊神话里的风神埃俄罗斯。——译者注）是法国设计师克雷芒·阿德尔建造的，于1890年试飞。这架飞行器有像蝙蝠一样的"翅膀"，以离地面20厘米的高度，向前飞行了50米。要是放在今天，这个尝试得到的最多也只能是一个善意的"呵呵"了，但在当时可称得上是了不起的壮举了。

⬅️

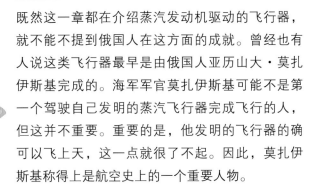

为啥大家都把帽子挥舞起来了？

那我们也跟着挥舞起来吧！

终于，人类可以与鸟儿齐飞了！

真正的天才！

20世纪是一个开创性的世纪，充满了改变历史的重大发明和发现。这一切都要归功于那些奋勇开拓的人们，是他们，用革命性的创造力开启了这个新时代。是的，就在人类刚刚进入20世纪的时候，人们终于征服了蓝天。

莱特兄弟的飞机

俗话说得好，"打虎亲兄弟，上阵父子兵"。如果你的搭档是你的亲兄弟，工作起来肯定特棒。要造飞机也是亲兄弟一起工作才最好，这不，美国的莱特兄弟就成功造出了他们的飞行器，并于1903年完成了第一次飞行。这是历史上第一次由一架真正的飞机（由四缸内燃机驱动，比空气重）完成的飞行。莱特兄弟的飞机在空中飞行了足足12秒钟，前进了36.5米，真的很了不起！

↑

史上第一架飞机的第一次飞行，由你见证！

瞧着吧，很快就会有大把生意的！

全新推出！
超值急救服务，收费超低，全方位照看您的飞行！

AMBULANCE

救护车
应对飞行事故，我们更专业

欧洲的第一架飞机

1906年，莱特兄弟的飞机问世3年后，生于巴西的阿尔贝托·桑托斯·杜蒙跟随他们的脚步，驾驶自己设计的飞机"桑托斯·杜蒙14-bis号"在法国完成了飞行。杜蒙的飞机是在欧洲完成飞行的第一架飞机，虽然不是全世界第一架飞机，但也很了不起。

→

堪称惊艳的"布莱里奥11号"

不得不承认，"布莱里奥11号"这架飞机的外观非常漂亮。它是法国人布莱里奥的作品，由于机翼位置较高，这架飞机被称为"高翼飞机"。"布莱里奥11号"不仅好看，性能也棒。布莱里奥驾驶它打破了多项航空纪录，更是在1909年成为历史上第一个飞越英吉利海峡的人。

→

降落伞

飞机横空出世，万众瞩目。但是，敢坐在一个木头搭建成的架子里，靠发动机的力量把自己送上天兜一圈，还需要很大的勇气。必须得有个设备保证飞机上乘坐者的安全，万一出现了发动机失灵、技术故障这些问题，还能应对一下。要不然遇到危急情况，乘坐者摔断个胳膊、摔折条腿，这都算轻的。于是，降落伞应运而生。

→

你是电，你是光，你是我的"布莱里奥11号"！

又见达·芬奇！

早在1483年，就有人画出了降落伞的设计图——这就是历史上最早的降落伞——设计者不是别人，正是莱昂纳多·达·芬奇。在接下来的几个世纪里，后来的发明家不断尝试制造真正的降落伞。但善良的发明家们要么不够大胆，要么对自己的发明不太自信，所以他们没有亲身试用自己制造的降落伞，而是在降落伞下面绑一个筐子，把动物放进去进行试验。

←

降落伞的问世

1783年，法国物理学家路易·塞巴斯蒂安·勒诺尔芒在巴黎登上了一座天文台的高塔上，把降落伞系在自己身上，一跃而下……而且没摔死。勒诺尔芒这一跳，标志着降落伞的诞生，接下来只等有人来完善它了。

←

"一战"期间的降落伞

从20世纪初开始，人们在飞行中就已经使用降落伞作为最后的保障，但在第一次世界大战中，军队并不允许飞行员在飞机上携带降落伞，因为指挥官们担心如果飞行员有降落伞的话，一旦发生撞机，飞行员会过早扔下飞机逃命，而不会去尽力驾驶飞机安全着陆。

↓

稳稳的！

安心降落吧，降落伞在我这里很安全……

前进，
永不止步

直到20世纪早期，飞行器还只不过是几个怪咖的追求，这些痴心不改的家伙们给自己装上木制的翅翼，从山上一跃而下，拿自己的身体甚至性命做赌注。现在不同了，每个人都开始明白"你咋不上天"不再是一句玩笑话，飞机设计师们也使出浑身解数，把飞机设计得越来越完善。在随后的几十年里，飞机的发展日新月异，令人惊叹。

里希特霍芬是个超级王牌，鉴定完毕！

曼弗雷德·冯·里希特霍芬

"一战"中的飞行员

第一次世界大战期间，交战双方的飞行员驾驶各自的双翼飞机或三翼飞机纵横天空，为地面部队提供了强有力的支持。士兵们在地面战场上打仗，飞行员们则在他们上空展开激战。如果一名飞行员击落的飞机超过5架，就会获得"王牌飞行员"的美称。曼弗雷德·冯·里希特霍芬就是德军阵营里名气最大的王牌飞行员。据统计，他一生总共击落了80架敌机。里希特霍芬的战机是福克Dr.I战斗机，一种现代单座三翼战斗机。

↑

美国王牌

史上最牛的美国飞行员，当属埃迪·里肯巴克。里肯巴克驾驶的是当时世界上最好的飞机之一——法国生产的"斯帕德XIII"双翼战斗机，总共击落了26架敌机。

↑

飞越大西洋

残酷的战争结束了，人们的心思又回到有意义的事情上来，比如乘飞机旅行。在航空界，空运成为当时最热门的话题。飞机设计师们认识到，飞机可以缩短长途旅行所花的时间，使人们的生活变得十分方便。飞越大西洋，成了他们的下一个挑战。

→

我们也试一把？

维克斯"维梅"轰炸机

英国的维克斯"维梅"是历史上第一架飞过大西洋的飞机。1919年6月，飞行员约翰·阿尔科克和亚瑟·W.布朗驾驶着这架飞机，从美国东海岸起飞，开始了他们的行程。途中两人遭遇了雾天和暴风雨，机翼上结了厚厚的一层霜，飞机被压得越飞越低，眼看就要碰到海面了。这时候布朗打开驾驶舱，爬到了机翼上，清除了上面结的霜，而飞机还在一直向前飞行——这简直像杂技表演，对不对？多亏了布朗英勇的"杂技"，二人搭档成功飞越了大西洋，降落在爱尔兰。整个飞行过程用了16.5小时。

➡

飞得快一点儿，我都等不及啦！

R 34

R34飞艇

英国飞行员、工程师乔治·赫伯特·斯科特也想成为第一个飞越大西洋的人。他是一架R34飞艇的指挥者，领导整个飞艇的机组人员完成这次跨洋之旅，只比竞争对手维克斯"维梅"轰炸机晚了两星期。虽然没有成为飞越大西洋的第一人，斯科特却也获得另一个"第一名"——第一个从东向西飞过大西洋的人，整个行程共用了108小时。

⬅

奥泰格大奖

纽约一家酒店的老板雷蒙德·奥泰格是一名法国移民的后代，他设立了一个2.5万美元的大奖——第一个飞越大西洋、从纽约飞到巴黎的人就能赢得这笔奖金。1927年春，美国飞行员查尔斯·林白从众多竞争者中脱颖而出，驾驶自己的"圣路易斯精神号"飞机完成了这次伟大的飞行，并赢得大奖。"圣路易斯精神号"飞机是林白自己制造的，瑞安航空公司的设计师们为他提供了帮助，制造时间只有短短60天。

⬅

重金悬赏 25000美元
★ ★ ★
飞越大西洋第一人

第一个征服大西洋，完成纽约—巴黎线的飞行员，重重有赏！

"比空气轻"和 "比空气重"的 飞行器

至此，我们需要讲讲所有飞行器——包括任何可以在天空飞行的工具——的分类。任何飞行器要飞上天空，都需要依靠一种支持力，使它们能离开地面飞行，这种力就叫作升力。如果一个物体比空气还轻，自然会飘浮在空中，这用不着解释：只要你将一个气球充满氦气或者热空气，一松手它就飞起来啦！然后，这气球就会飘浮在你房间的天花板下面了。

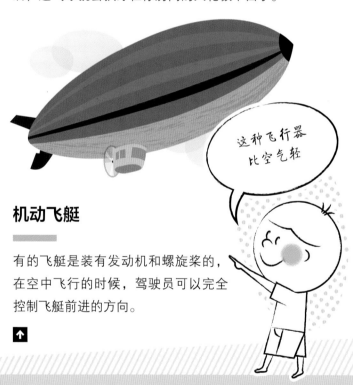

这种飞行器比空气轻

机动飞艇

有的飞艇是装有发动机和螺旋桨的，在空中飞行的时候，驾驶员可以完全控制飞艇前进的方向。

⬆

比空气重的飞行器

有的飞行器比空气重，依靠飞行时空气产生的压力差来升空。我们会在本书第16页展开讲讲这个原理。

热气球

有些比空气轻的飞行器是没有发动机的，比如热气球就属于这种类型。热气球完全依靠空气气流控制飞行方向，所在的海拔不同，空气气流的方向也不同；所以，热气球驾驶员只需要升高或降低热气球，就可以控制热气球的飞行方向。

 ➡

比空气轻的飞行器

如果一种飞行器比空气轻，它升空依靠的是静态空气的浮力，浮力的大小取决于飞行器本身体积的大小（其实，轮船在水上航行，也是相同的原理）。热气球就是一种比空气轻的飞行器。有的飞艇里填充的气体比周围的空气轻，这样的飞艇也属于比空气轻的飞行器。最早，人们使用的是氢气，但是氢气易燃易爆，容易造成事故，酿成空难。因此，人们用氦气替代了氢气，作为填充飞艇的气体。而传统热气球里填充的空气，都要先经过热气球上的燃烧器加热——因为加热后的空气会变轻。

我是不是比空气轻呢？

滑翔机

滑翔机比空气重，但并没有发动机。和热气球一样，滑翔机也利用上升的气流来飞行。虽然滑翔机上没有发动机，但是经验丰富的优秀驾驶员能驾驶滑翔机飞行许多公里，滑翔好几个小时。滑翔机起飞的时候，需要另一架飞机用缆绳拉着它升空，有的时候人们也会用绞车系着缆绳来拉动滑翔机。

 ⬆

悬挂式滑翔机

悬挂式滑翔机没有发动机装置，起飞方式和滑翔伞相同，都是从高山上冲到空中去。不过，悬挂式滑翔机有一个坚硬的机翼结构，下方有一个特制的袋子，飞行时驾驶员就待在这个袋子里面。

滑翔伞

滑翔伞是一种比空气重的飞行器，没有发动机装置，工作原理和悬挂式滑翔机差不多。起飞时，飞行者悬挂在伞的下方，从山顶或者其他高处跳下来。

居高临下

倍儿爽！

固定翼飞机

固定翼飞机是由航空发动机提供动力的飞行器，航空发动机有活塞发动机、涡轮螺旋桨发动机、涡轮风扇发动机、涡轮喷气发动机和火箭发动机等。活塞发动机多使用在小型运动型飞机上，涡轮螺旋桨发动机用于小型客机、海上巡逻机等，涡轮风扇发动机用来驱动大型客机，涡轮喷气发动机用于超音速飞机和战斗机，火箭发动机则为速度最快的飞机提供动力。

直升机

直升机是一种比空气重的机动飞行器。直升机的特殊之处在于，它们是靠旋翼来提供升力的。

这种飞行器比空气重

火箭

火箭也是一种比空气重的飞行器，由火箭发动机提供推进力。

15

飞机为什么能飞？

不靠魔力，就靠物理

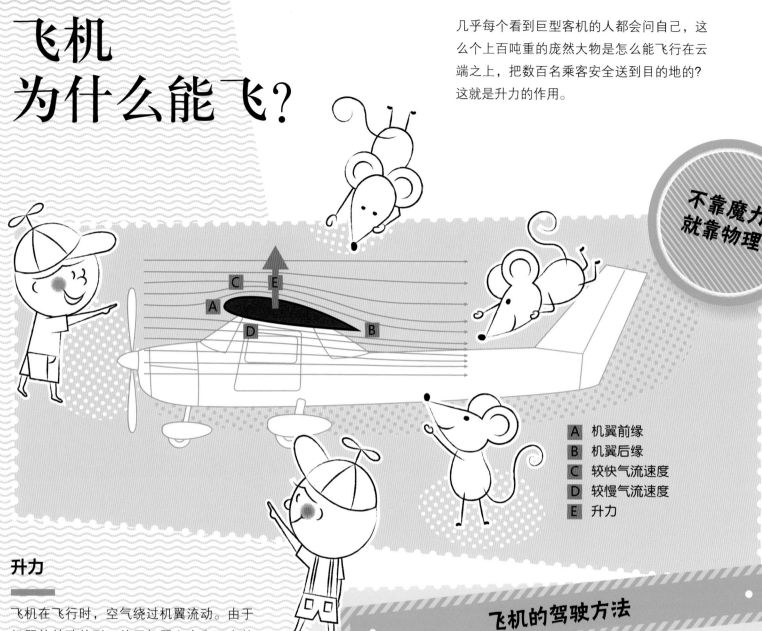

A 机翼前缘
B 机翼后缘
C 较快气流速度
D 较慢气流速度
E 升力

升力

飞机在飞行时，空气绕过机翼流动。由于机翼的特殊外形，处于机翼上方和下方的气流速度是不一样的，机翼上方的气流速度快，机翼下方的气流速度慢，使机翼上方的压力较小，而机翼下方的压力较大，这样一来就产生了升力，将机翼向上托起，飞机就飞起来了。机翼前缘将气流一分为二，一部分从机翼上方流过，另一部分从机翼下方流过，在机翼后缘这两股气流又交汇在一起。

飞机的驾驶方法

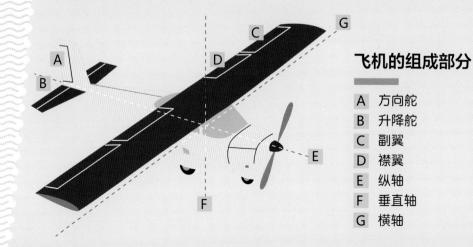

飞机的组成部分

A 方向舵
B 升降舵
C 副翼
D 襟翼
E 纵轴
F 垂直轴
G 横轴

襟翼的作用呢，就是增加或减少机翼的升力了

方向舵——控制航向

方向舵控制飞机围绕着垂直轴旋转，飞行员把方向舵转向左边，飞机就向左边飞，方向舵转向右边，飞机就向右边飞。

←

飞行员通过方向舵控制飞机向左转或向右转

副翼——控制横滚运动

副翼向上或向下倾斜时，飞机就围绕着纵轴移动，这也叫作"横滚运动"。

→

要挺住，可别吐！

飞行员操作升降舵使飞机爬升或下降

升降舵——控制高度

飞行员通过升降舵控制飞机围绕横轴移动，这种运动被称为"俯仰运动"。升降舵向下，飞机会下降；相反，升降舵向上，飞机会爬升。

←

综合控制飞行方向

不管是上、下、左、右，飞机很少只向一个方向飞行，而是需要向右转的同时向地面飞行，还可能在略微爬升的同时向左转，等等。因此，飞机最终做出什么样的运动，飞向哪个方向，是综合运用各种操作方式的结果。飞行员必须要有能力同时操控飞机的各个部分，小心地将飞机导向要去的方位。

啊啊啊啊啊！操纵杆要向上拉才能起飞！

客机的驾驶舱

现在，你已经了解了飞行员是如何驾驶飞机的。如果让你去操控没有发动机的滑翔机，甚至驾驶小型运动飞机，听起来似乎还不难。但是，如果你到一架大型客机里看看，就会意识到开飞机这件事有多复杂了——飞行员必须要操作许许多多的设备，才能把这台巨大的机器安全地送上天空，再安全地降落到地面。

A 主飞行显示器

主飞行显示器可以显示多种数值，其中包括飞机当前相对于地平线的位置——这显示在一个叫作"陀螺地平仪"的仪器上。如果遇到糟糕天气或者能见度低，飞行员就通过这个仪器知道飞行的姿态。

B 高度计

高度计看上去就像一个只有两个指针的钟表，是显示飞机的飞行高度的——不过显示出的并不是飞机相对于地面的高度，而是相对于海平面的高度。飞机相对于地面某一点的高度，就等于飞机相对于海平面的高度减去这一点相对于海平面的高度。因为飞机的高度越高，气压越小，高度计就利用这个原理，通过测量气压来确定飞机高度。

C 无线电定向仪

无线电定向仪用来确定飞机的位置。

D 雷达显示器

雷达显示器上显示飞机雷达收集到的信息，也就是周围的物体反射回的雷达信号。有了雷达，飞行员就可以知道他的飞机附近是不是有另一架飞机也在飞行。

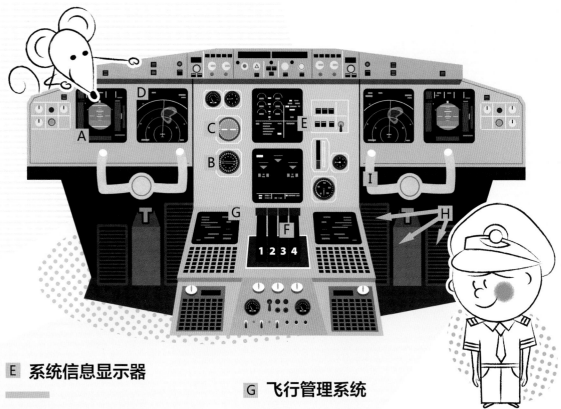

F 油门杆

飞行员用油门杆控制发动机的推力。如果这架客机不止有一个发动机，那么每个发动机都装有各自的油门杆。

H 踏板

飞行员脚下的踏板主要用于控制方向舵和控制刹车。

E 系统信息显示器

这里显示了有关飞机运行的所有信息，飞行员由此了解飞机的各个部分是否运行正常。

G 飞行管理系统

在这里，飞行员可输入客机的相关信息，如飞机重量、燃料多少、飞行路线、飞行速度，等等。输入这些信息后，计算机可以开启自动驾驶功能，几乎全程都不需要飞行员的干预，由计算机操控客机。

I 操纵杆

操纵杆的作用相当于方向盘，用来操控飞机的方向。飞行员通过操纵杆和方向舵踏板，完成飞机的起飞和下降。

客机的组成部分

客机把成千上万的乘客运送到世界的各个地方。下面的图中显示了一架客机的基本构造，咱们就一起来看看这台复杂的飞行器都是由哪些部分构成的吧。

→

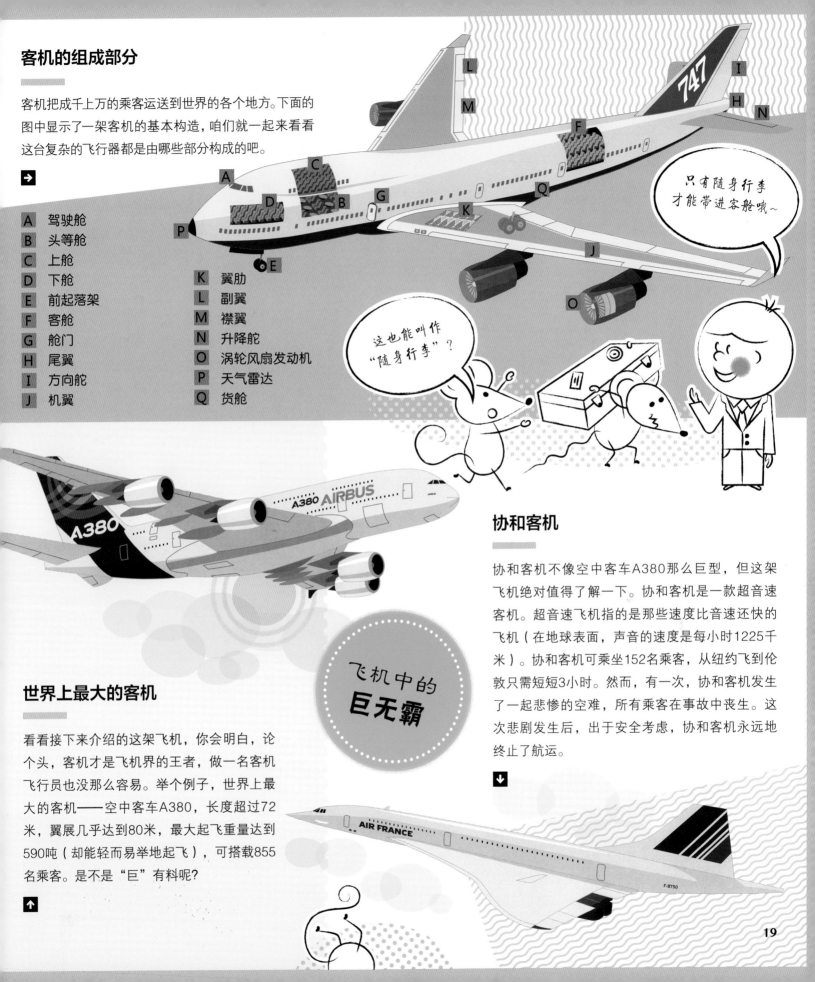

A 驾驶舱
B 头等舱
C 上舱
D 下舱
E 前起落架
F 客舱
G 舱门
H 尾翼
I 方向舵
J 机翼
K 翼肋
L 副翼
M 襟翼
N 升降舵
O 涡轮风扇发动机
P 天气雷达
Q 货舱

世界上最大的客机

看看接下来介绍的这架飞机，你会明白，论个头，客机才是飞机界的王者，做一名客机飞行员也没那么容易。举个例子，世界上最大的客机——空中客车A380，长度超过72米，翼展几乎达到80米，最大起飞重量达到590吨（却能轻而易举地起飞），可搭载855名乘客。是不是"巨"有料呢？

↑

飞机中的
巨无霸

协和客机

协和客机不像空中客车A380那么巨型，但这架飞机绝对值得了解一下。协和客机是一款超音速客机。超音速飞机指的是那些速度比音速还快的飞机（在地球表面，声音的速度是每小时1225千米）。协和客机可乘坐152名乘客，从纽约飞到伦敦只需短短3小时。然而，有一次，协和客机发生了一起悲惨的空难，所有乘客在事故中丧生。这次悲剧发生后，出于安全考虑，协和客机永远地终止了航运。

↓

航空领域的世界纪录

到了现代，人们已不再满足于征服天空，现代飞机载着几百人跨越重洋也不是什么新鲜事儿了。人们还想尽可能缩短在旅途中的时间，这就意味着要研制出飞行速度更快的客机来。前面说过的协和客机，就是人们获得的成果之一。现在，我们再来看看其他类型的飞机，这些各种各样的飞机推动了人类航空事业的前进。

欢迎乘坐！
"贝尔X-1号"，
风驰电掣，
为你而来！

哎呀，
要聋了！

这是"音爆"

"贝尔X-1号"试验机

1947年，"贝尔X-1号"试验机成为第一架飞行速度超越音速的飞机。查理斯·艾伍德·叶格是第一个飞到超音速的飞行员，他驾驶"贝尔X-1号"飞到了时速1298.55千米。关于超音速飞机，还有一个有趣的冷知识：当一架飞机接近音速时，会发出一声震耳欲聋的巨响，这被称为"音爆"。

↑

"X-43"试验机

"X-43"试验机是一款无人机，所以没有飞行员，也没有乘客。"X-43"试验机起飞的时候，要靠"B-52"轰炸机带着它升空，之后就可以冲到每小时5000千米的速度——这都归功于这款飞机特有的火箭发动机。这还不算完，随后它还会启动特制的冲压式喷气发动机，飚到时速1万千米以上。这快得吓人的速度，怪不得没有人乘坐！

↓

"黑鸟"侦察机

1976年，洛克希德公司生产的"黑鸟"侦察机"SR-71"打破了载人飞机的速度纪录，以时速3529.6千米创下了新的纪录。直到今天，除非安装了特制的驱动装置，还没有其他飞机能飞得比"黑鸟"快。

↑

没有人乘坐，
但是小老鼠可以～

NASA
X-43A
1

猎鹰 "HTV-2" 高超音速飞机

如果上面那些飞机的速度你还嫌不过瘾，你可以感受一下美国军方研制的一款特型飞机——"HTV-2"。这架飞机拥有"高超音速"的驱动力，飞行速度可以超过音速的5倍，2小时内可以到达地球上的任何一个地方。

→

"米格-25" 战斗机

1977年，俄国的"米格-25"战斗机（代号"狐蝠"）飞到了海拔37650米的高空。直到今天，仍有少量"米格-25"战斗机还没有退役。但由于"米格-25"已停产多年，终将逐渐淡出历史舞台。

←

我是史上第一只乘飞机环游世界的老鼠！

帽子戴好，小心吹跑！

史蒂夫·福塞特

要说创造纪录，不能不讲讲史蒂夫·福塞特这个人。这个美国富翁拥有几十项和飞行相关的世界纪录，也是史上第一个独自乘坐热气球环游世界的人。

←

"环球飞行者号"

2005年，史蒂夫·福塞特打破了另一项世界纪录。他驾驶自己的"环球飞行者号"飞机，进行了环游世界的飞行，并且飞行全过程没有停下来加油。2007年，当史蒂夫·福塞特飞过美国内华达州的一片沙漠上空时，谜一样地失踪了。

↑

21

特技飞行：飞行员的刺激与乐趣

人类发明了某种工具，极大改善了日常生活。同时，就有人开始琢磨：我们还能不能用这个发明找点乐趣？人类的天性就是这样。赛车运动就是这样出现的。当汽车的性能已经足够稳定，而且速度已经足够快时，赛车运动就如同雨后春笋一般发展壮大起来。飞机也一样，从它们成功上天的那一刻起，追求刺激、冒险的飞行者也随之而来，并在竞赛中寻找乐趣。

特技飞行的类别

特技飞行中使用的飞机根据性能分为不同类型，有教练机和特技飞行专用机，后者性能超强，是专为特技表演而设计的。但是，不仅飞机可以进行特技飞行，即使是没有发动机的滑翔机也能进行特技飞行。没错，滑翔机也能被用来进行特技表演，玩出各种花样，让你目瞪口呆。

特技飞行

特技飞行这项娱乐运动，让飞行员热血沸腾，让观众头晕目眩。按照规则，飞行员需要驾驶特技飞行专用机飞过预先设定的路线，完成表演、转向、横滚、螺旋、尾旋和其他特技动作。裁判会判断飞行员动作完成得好不好，然后给每个飞行员评分。

体验特技飞行

如果想体验一下特技飞行员的感觉，你可以花钱坐上特技飞机感受一把。不过上飞机之前最好别吃饭，否则……

特技飞行动作

特技飞行动作指的是特技飞行员需要表演的一整套动作，必须按指定顺序完成。裁判打分时，最关注的就是这些动作完成得是否准确，以及是否优雅。接下来，我们一起来了解三套特技飞行动作，感受一下飞行员出神入化的技能吧！

呃……
头晕……

翻筋斗

虽然翻筋斗看上去非常炫酷，却是公认最容易的特技飞行动作，因为飞行员只需要控制升降舵就可以完成，并不复杂，不需要飞行员协调控制飞机的各个部分。首先，飞行员驾驶飞机全速前进，翻转过来，然后再回到先前的路线上就可以。要做好翻筋斗动作，最重要的是飞机速度要足够快。

↓

尾旋

和翻筋斗相比，尾旋可就难多了，飞行员必须综合协调飞机的各个部分才能完成。尾旋的路线是这样的：飞机向前飞行时，飞行员控制飞机下坠，同时开始控制飞机以纵轴为中心旋转，飞机就这样旋转着落向地面，再平飞退出。

 ←

哦……
目眩……

古巴八字

古巴八字是一种复杂的飞行特技，结合了翻筋斗和尾旋两种动作。飞机先翻一个筋斗，在下降的同时做尾旋，实现水平飞行；紧接着又翻一个筋斗（这次是朝向相反方向），又做一次尾旋，完成整个动作。

→

红牛特技飞行世界锦标赛

2003年，红牛公司创立了一项特技飞行比赛，从2005年开始该项赛事成为一场国际性锦标赛。比赛将特技飞行和竞速结合起来，选手必须在尽可能短的时间内完成所有规定动作。

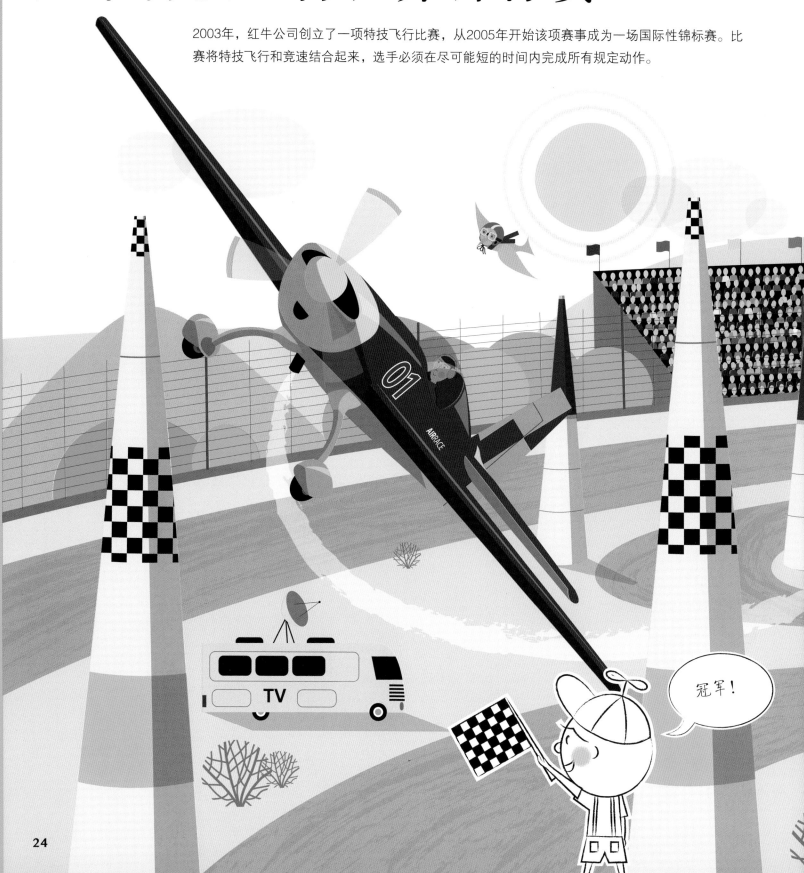

比赛规则

比赛选手们首先要完成四组计时的练习飞行，第四次飞行所用的时间决定了选手在资格赛中的出场顺序。只有14名选手可以晋级正式比赛。

飞行赛道

这幅图展示了飞行比赛的赛道。赛道中，有许多塔桥，这是飞行员必须穿越的障碍物，图中展示了塔桥搭建在赛道的位置。

云端的芭蕾

航空的未来

进步，永不停歇！最新的飞机技术不断发展，人类的航空事业不断前进，无限的飞行潜能不断实现。现在，我们就来了解几种属于未来的飞机。

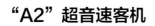

飞机设计师们正不断创新，为飞机设计各种新外形

"A2"超音速客机

"A2"超音速客机是一款正在研究和设计中的飞机，以氢作为燃料，预计2030年投入使用。根据设计者的构想，这款飞机的体积将是现在最大飞机（空中客车A380）的2倍，预计时速最高能达到5000千米。

↑

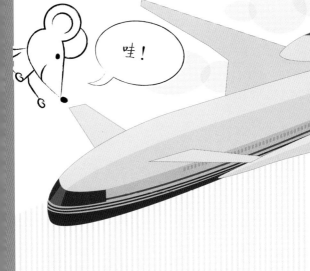

哇！

"地球版"宇宙飞船

未来的客机

随着载客飞机的发展，它们的外形在不断变化。几十年后，航游天空的客机很可能就是这个样子的。

↑

太阳能飞机

当然，飞机制造公司的设计师们关注的可不仅是飞机的外形，他们还致力于飞机的其他方面，比如驱动方式。有些未来飞机的发动机由太阳能驱动，这样的飞机一定会很"火"。

→

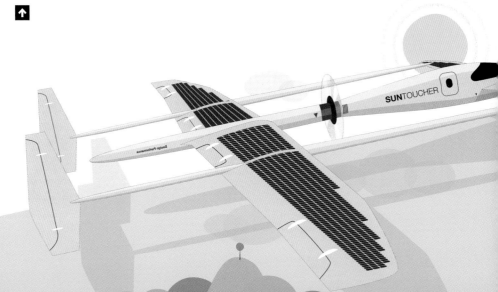

SUNTOUCHER

"X系列"试验机

几十年来,美国国家航空航天局(NASA)一直在研制名为"X系列"的飞机机型。"X系列"包括各种试验机型,我们已经在本书第20页提到过其中的"X-43"试验机。"X系列"试验机正不断打破各种纪录,为航空事业注入无限可能。

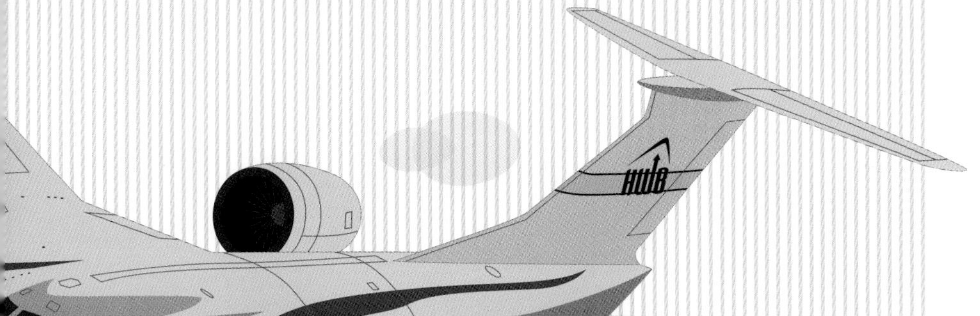

⬇️ ⬅️

世界纪录专业户

波音"X-37"试验机

波音"X-37"试验机是"X系列"中的一款无人航天飞机。有很多新科技致力于使航天器留在地球的轨道中,"X-37"试验机就被用来测试这些新科技。

➡️

机票热销

X系列

开注未来的飞机

军用飞机

自从飞机被发明，就一直被应用在军事上，因此很有必要了解一下军用飞机。军用飞机的设计师也为推动航空事业、人类科技的发展做出了很大贡献。

不列颠战役中,飞行员的飞行技能都十分高超。

喷火MK.XVI战斗机

梅塞施密特BF 109战斗机

梅塞施密特BF 109战斗机

亨克尔HE 111轰炸机

哇哦，就像是一场空中表演！

梅塞施密特BF 109战斗机

这款德国战斗机作战时一般都和重型轰炸机一起出动，尤其是在不列颠战役前期的时候。

喷火MK.XVI战斗机

战役中，英国一方主要使用的是喷火MK.XVI战斗机，这是一款单座战斗机，是当时最好的战斗机之一。

喂！快放生绳给我

亨克尔HE 111轰炸机

这款德国中程轰炸机和英国的喷火战斗机一样，成为不列颠战役的标志。

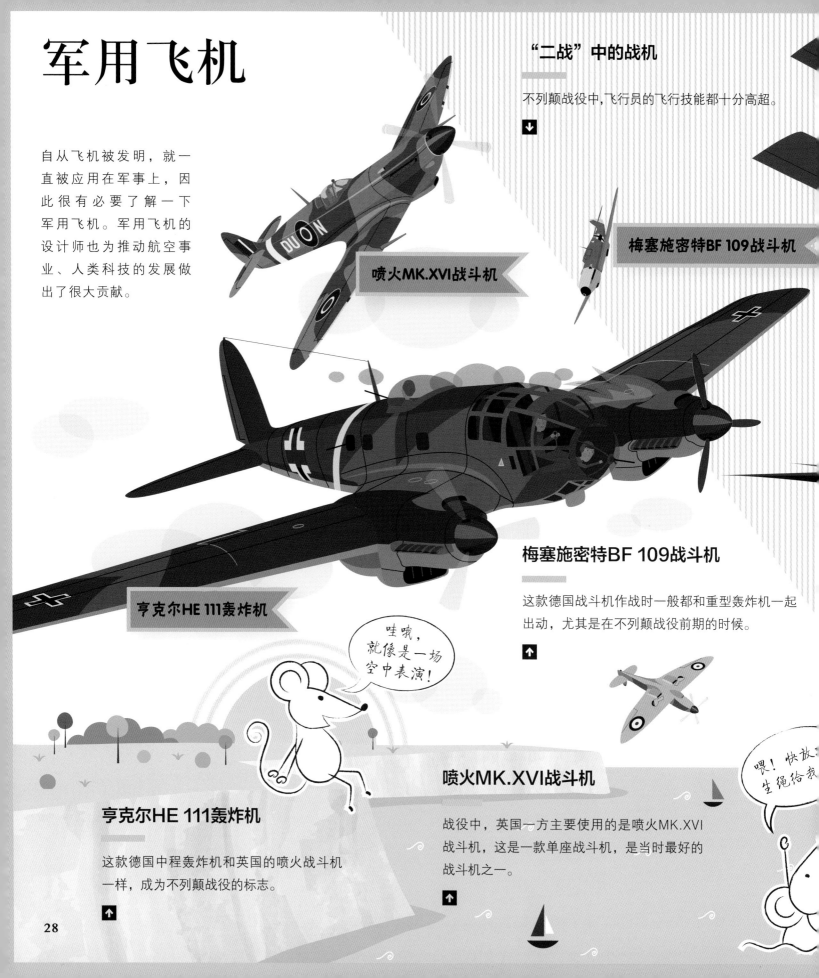

飞行坦克

有时候，人们的想法就是这么天马行空，比如你在后面将会看到，有人想设计一台飞行汽车。其实，飞行汽车听起来还可以接受，可是飞行坦克……是不是太夸张了？事实上，早在1942年，苏联的飞机设计师就造出了一款可以"飞"到战场的坦克——将坦克与滑翔机结合，由轰炸机带上天，然后空降在战场附近。飞行坦克滑翔到目的地以后，就可以马上投入战斗。

←

V-22"鱼鹰"倾转旋翼机

这款2006年开始投入使用的飞机可以垂直起飞和降落，这是因为它的两个旋翼可以转动90度。这款飞机的机翼也可以折叠，可以极大地节省空间。这些特点使这只"鱼鹰"非常适合在航空母舰上"栖息"。

←

F-117"夜鹰"战斗攻击机

洛克希德公司生产的F-117"夜鹰"战斗攻击机是历史上第一架使用了"隐形技术"的飞机。这架飞机的表面和外形都很特殊，让雷达难以侦测出它的位置。

→

直升机

直升机作为一种飞行器，我们已经在本书中说过几次了，还记得第一次提到直升机是什么时候吗？好好想想。没错！除了我们亲爱的达·芬奇还能有谁？可惜那只是一个模型而已。话说回来，借助旋翼来飞行，这个原理古代中国人早就已经了解了（还记得我们在第3页讲了什么玩具吗）。

第一架真正的直升飞机

几百年来，人们一直在努力，想要造出一架真正的直升飞机，但总是不那么成功。直到20世纪30年代，才终于有了成果。1935年，法国人路易斯·查尔斯·布雷盖发明的直升飞机成功飞上天空。

→

直升飞机的飞行原理

直升飞机的升力并不来自机翼，而是来自旋翼，也就是螺旋桨。旋翼同时也提供前进的推力，而且，直升机的尾部还必须安装一个面向侧方的螺旋桨，否则，在主旋翼扭转力的作用下，机身就会向反方向旋转。

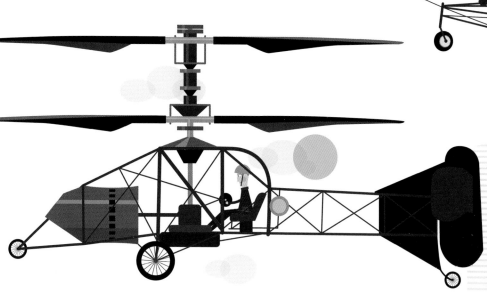

D-EBVU

相比之下，飞行员看上去就像个小不点，对不对？

福克–沃尔夫FW 61直升机

1936年，德国福克–沃尔夫公司制造的FW 61直升机成功升空。这款直升机装有两副转向相反的旋翼，这样就不需要尾部的螺旋桨了。

西科尔斯基的VS-300直升机

俄国飞机设计师伊戈尔·西科尔斯基移居到了美国，并且成立了一家研究开发飞机的公司，1939年推出了他们设计的第一款直升飞机——VS-300，并且试飞成功。

←

起飞！降落！

RAH-66"卡曼契"直升机

RAH-66"卡曼契"直升机是一款使用了"隐形技术"的军用直升机，所以雷达基本侦测不到这款直升机。

→

运输直升机

波音公司生产的Vertol-234直升机被用来运输大宗货物，这款直升机内部能装下一辆汽车或者44个人。要是用它来运货，能装下12吨货物呢。

←

飞行汽车

作为交通工具，飞机的速度没得说，但是停机的时候就无法任性了，不能想停在哪儿就停在哪儿；汽车是短距离运输更好的选择，但遇到交通堵塞就郁闷了，司机恨不得能让汽车飞起来，从堵车的长龙头顶上越过。但是，如果汽车能飞的话，鱼和熊掌岂不就可以兼得了吗？

想追上我？
啊哈哈哈哈哈……

方托马斯——"飞车"始祖？

《方托马斯》是一个系列电影，其中的犯罪头目"方托马斯"开的汽车装着飞机一样的"机翼"，可以轻而易举地甩掉追捕他的人。飞行汽车这个想法乍一看似乎是编剧别出心裁的点子，其实是来源于现实生活的。

↑

"空霸飞车118"

这是一款飞行汽车的样品，1947年还进行了试飞。虽然这款汽车的开发后来停止了，但显而易见的是，"空霸飞车118"模型是一台领先于当时几十年的产品。

→

想象无限

见过"飞行奶酪"吗？

飞行汽车

斯洛伐克飞机设计师制造出一款飞行汽车，飞行时速可达700千米。这款车的机翼是可以折叠起来的，所以在普通道路上就可以行驶，而且也可以在普通加油站加油。

↓

再见啦！

图书在版编目（CIP）数据

飞机的故事 ／（捷克）欧得里奇·卢兹卡(Oldrich Ruzicka)著；王伟男译. 一北京：知识产权出版社，2021.1
书名原文：The Story of the Aeroplane
ISBN 978-7-5130-5521-5

Ⅰ. ①飞… Ⅱ. ①欧… ②王… Ⅲ. ①飞机-儿童读物 Ⅳ. ①V271-49

中国版本图书馆CIP数据核字(2018)第072513号

感谢北京航空航天大学能源与动力工程学院王洪伟老师审定

责任编辑：张 冰　　　　　责任校对：潘凤越
封面设计：杰意飞扬·张 悦　责任印制：刘译文

[捷克] 欧得里奇·卢兹卡 著
[捷克] 托马斯·珀尔尼奇　娜蒂娅·莫伊泽索娃 绘
王伟男 译

出版发行 知识产权出版社 有限责任公司
社　　址 北京市海淀区气象路50号院
责编电话 010-82000860转8024
发行电话 010-82000860转8101/8102
印　　刷 三河市国英印务有限公司
开　　本 880mm×1230mm 1/8
版　　次 2021年1月第1版
字　　数 20千字
ISBN 978-7-5130-5521-5
京权图字 01-2018-3058

网　　址 http://www.ipph.cn
邮　　编 100081
责编邮箱 740666854@qq.com
发行传真 010-82000893/82005070/82000270
经　　销 各大网上书店、新华书店及相关专业书店
印　　张 4
印　　次 2021年1月第1次印刷
定　　价 69.00元